Pandian R.

Sistema de armazenamento e recuperação baseado em braço robótico

Pandian R.

Sistema de armazenamento e recuperação baseado em braço robótico

Braço robótico

ScienciaScripts

Imprint

Any brand names and product names mentioned in this book are subject to trademark, brand or patent protection and are trademarks or registered trademarks of their respective holders. The use of brand names, product names, common names, trade names, product descriptions etc. even without a particular marking in this work is in no way to be construed to mean that such names may be regarded as unrestricted in respect of trademark and brand protection legislation and could thus be used by anyone.

Cover image: www.ingimage.com

This book is a translation from the original published under ISBN 978-620-7-80796-3.

Publisher:
Sciencia Scripts
is a trademark of
Dodo Books Indian Ocean Ltd. and OmniScriptum S.R.L publishing group

120 High Road, East Finchley, London, N2 9ED, United Kingdom
Str. Armeneasca 28/1, office 1, Chisinau MD-2012, Republic of Moldova, Europe
Printed at: see last page
ISBN: 978-620-7-92384-7

RECONHECIMENTO

Temos o prazer de manifestar os nossos sinceros agradecimentos ao Conselho de Administração da **SATHYABAMA** pelo seu amável encorajamento na realização deste projeto e pela sua conclusão com êxito. Estamos-lhes gratos.

Agradecemos ao **Dr. N.M. NANDHITHA, M.E., Ph.D.,** Reitor da Escola de Eletricidade e Eletrónica e ao **Dr. SUJATHA KUMARAN, Ph.D.,** Chefe do Departamento, Departamento de Engenharia Eletrónica e de Instrumentação, por nos terem dado o apoio e os pormenores necessários no momento certo durante as revisões progressivas.

Gostaríamos de expressar o nosso sincero e profundo sentido de gratidão ao nosso Orientador de Projeto, **Dr. R. PANDIAN, M.E., Ph.D.,** pela sua valiosa orientação, sugestões e constante encorajamento, que abriram caminho para a conclusão bem sucedida do meu trabalho de projeto.

Gostaríamos de expressar os nossos agradecimentos a todos os membros do pessoal docente e não docente do Departamento de Engenharia Eletrónica e de Instrumentação que foram úteis de muitas formas para a conclusão do projeto.

RESUMO

Neste projeto, foi desenvolvido um braço robótico de seis eixos para um sistema de armazenamento e recuperação para utilização em farmácias. O robô pode aceitar o comando do utilizador para se deslocar ao local pretendido e levar a caixa de comprimidos para esse local e, quando regressa, pode recolocar a caixa de comprimidos no local onde está armazenada. O braço do robô é controlado pelo microcontrolador ATMEGA 16A. O microcontrolador aceita as localizações desejadas através de teclas e envia os sinais apropriados para seis motores no braço do robot. Os transmissores e receptores de infravermelhos também são utilizados para deduzir a posição do braço do robô em movimento.

Em muitas indústrias, o manuseamento de materiais e produtos é um dos trabalhos mais difíceis. Nalguns locais, a frequência de manuseamento de materiais é elevada e, por esse motivo, as indústrias enfrentam muitos problemas para ultrapassar esta situação. O sistema de armazenamento e recuperação baseado num braço robótico consiste em métodos controlados por computador para colocar e recuperar automaticamente cargas de locais de armazenamento específicos. Os sistemas automatizados de armazenagem e recuperação são normalmente utilizados em aplicações em que existe um volume muito elevado de cargas a serem movidas para dentro e para fora do armazém. A densidade de armazenamento é importante devido a restrições de espaço. A exatidão é fundamental devido a potenciais danos dispendiosos na carga.

Índice

LISTA DE ABREVIATURAS

CAD	Computer Aided Design
AM	Additive Manufacturing
FDM	Fused Deposition Modelling
SLA	Stereo Lithography
DLP	Digital Light Processing
SLS	Selective Laser Sintering
SLM	Selective Laser Melting
LOM	Laminated Object Manufacturing
RAMPS	RepRap Arduino Mega Pololu Shield
TEC	Thermoelectric Cooler
RM	Rapid Manufacturing
RP	Rapid Prototyping
DDM	Direct Digital Manufacturing

CAPÍTULO 1: INTRODUÇÃO

1.1 GERAL

A automatização é o controlo de máquinas e processos por sistemas independentes através da utilização de várias tecnologias baseadas em software informático ou robótica. A indústria implementa a automatização para aumentar a produtividade e reduzir os custos de mão de obra.

A automação industrial utiliza vários dispositivos de comunicação industrial, tais como Controladores Lógicos Programáveis (PLCs), Controladores Automáticos Programáveis (PACs), que são utilizados para controlar a indústria. Nas indústrias, as estratégias de controlo utilizam tecnologias implementadas para alcançar o resultado desejado, tornando o sistema de automação necessário nas indústrias.

A automatização industrial melhora a taxa de produção através de um controlo superior da produção. Ajuda a produzir a granel, reduzindo significativamente o tempo de processamento do produto com melhor qualidade. Por conseguinte, uma dada entrada de lobor produz um grande número de resultados.

Integrar vários processos na indústria com uma máquina automatizada, minimiza o tempo de ciclo e os esforços, reduzindo a necessidade de mão de obra humana. Devido à automação industrial, o investimento em trabalhadores foi poupado. Assim, os investimentos em trabalhadores foram poupados na automação industrial.

Uma vez que a automatização reduz o envolvimento humano, a possibilidade de erro humano também é eliminada. Graças à automatização, é possível manter uma qualidade de produto consistente e fiável com uma maior conformidade com a automatização, controlando e monitorizando de forma adaptativa os processos industriais em todas as fases, desde o laboratório até ao nível industrial.

A automatização pode reduzir completamente a necessidade de verificar manualmente os vários parâmetros do processo. Fazendo uso de tecnologias de automação, os processos industriais ajustam automaticamente as variáveis dos processos industriais para definir valores usando técnicas de controlo em circuito fechado. A complexidade dos processos operacionais é reduzida.

1.2 VANTAGENS DA AUTOMATIZAÇÃO

Na Productivity, sabemos que a mudança pode muitas vezes ser avassaladora e assustadora. Os nossos especialistas estão aqui para provar que há uma multiplicidade de benefícios quando se actualiza para a automatização.

1.2.1 Custos operacionais mais baixos

Os robôs podem efetuar o trabalho de três a cinco pessoas, dependendo da tarefa. Para além das poupanças no custo da mão de obra, as poupanças de energia também podem ser significativas devido à menor necessidade de aquecimento em operações automatizadas. Os robôs simplificam os processos e aumentam a precisão das peças, o que significa um desperdício mínimo de material para a sua operação.

1.2.2 Melhoria da segurança dos trabalhadores

As células automatizadas afastam os trabalhadores de tarefas perigosas. Os seus empregados agradecer-lhe-ão por os proteger contra os perigos de um ambiente fabril.

1.2.3 Redução dos prazos de entrega na fábrica

A automatização pode manter os seus processos a nível interno, melhorar o controlo dos processos e reduzir significativamente os prazos de entrega em comparação com a subcontratação ou a ida para o estrangeiro.

1.2.4 ROI mais rápido

As soluções de automatização baseiam-se nas suas necessidades e objectivos únicos e pagam-se a si próprias rapidamente devido a custos operacionais mais baixos, prazos de entrega reduzidos, maior produção e muito mais.

1.2.5 Capacidade de ser mais competitivo

As células automatizadas permitem-lhe reduzir os tempos de ciclo e o custo por peça, melhorando simultaneamente a qualidade. Isto permite-lhe competir melhor à escala global. Além disso, a flexibilidade dos robots permite-lhe reequipar uma célula para exceder as capacidades da sua concorrência.

1.2.6 Aumento da produção

Proporciona a capacidade de trabalhar a uma velocidade constante, sem supervisão, 24 horas por dia, 7 dias por semana. Isto significa que tem o potencial para produzir mais. Os novos produtos podem ser introduzidos mais rapidamente no processo de produção e a programação de novos produtos pode ser efectuada offline sem perturbar os processos existentes.

1.2.7 Produção e qualidade de peças consistentes e melhoradas

As células automatizadas executam normalmente o processo de fabrico com menos variabilidade do que os trabalhadores humanos. Isto resulta num maior controlo e consistência da qualidade do produto.

1.2.8 Pegada ambiental mais pequena

Ao racionalizar o equipamento e os processos, reduzir o desperdício e utilizar menos espaço, a automatização utiliza menos energia, reduzindo a sua pegada ecológica, o que permite poupar muito dinheiro.

1.2.9 Melhor planeamento

A produção consistente por robôs permite a uma oficina prever com fiabilidade os prazos e os custos. Essa previsibilidade permite uma margem mais apertada em quase todos os projectos.

1.2.10 Reduzir a necessidade de subcontratação

As células automatizadas têm grandes quantidades de capacidade potencial concentradas num sistema compacto. Isto permite que as lojas produzam internamente peças que anteriormente eram subcontratadas.

1.2.11 Utilização óptima do espaço

Os robots são concebidos em bases compactas para se adaptarem a espaços reduzidos. Para além de serem montados no chão, os robôs podem ser montados em paredes, tectos, carris e prateleiras. Podem executar tarefas em espaços confinados, poupando o seu valioso espaço no chão.

1.2.12 Integração fácil

A Productivity trabalhará consigo para fornecer um sistema completo - hardware, software e controlos incluídos. A sua célula será testada na Productivity e enviada pronta para a produção, permitindo-lhe começar a fabricar peças assim que a sua

instalado na sua loja.

1.2.13 Maximizar a mão de obra

Nas próximas três décadas, as estatísticas mostram que mais de 76 milhões de baby boomers se reformarão e apenas 46 milhões de novos trabalhadores estarão disponíveis para os substituir. Durante este período, a procura de mão de obra continuará a fazer da automatização uma solução real e viável.

1.2.14 Aumentar a produtividade e a eficiência

• Produção 24 horas por dia, 7 dias por semana, favorável ao fabrico JIT
• Mais tempo de atividade com valores históricos de eficiência superiores a 90 por cento
• Capacidade de operações secundárias - guiamento, lavagem, rebarbação, etc.
• Comunicações em tempo real da fábrica com células e máquinas

automatizadas

- Troca rápida de várias peças, ferramentas e programas.
- Capacidade flexível de multi-operações Op 10, Op 20.

1.2.15 Aumentar a versatilidade do sistema

- Flexibilidade do sistema facilmente reequipado e reposicionaco para novos programas de produção.
- Os robôs são flexíveis e podem ser facilmente reutilizados em novas aplicações
- Os robôs têm a capacidade de alternar facilmente entre uma vasta gama de produtos sem ter de reconstruir completamente as linhas de produção
- A troca rápida com pinças automáticas e visão permite que diferentes tamanhos e formas de peças façam parte do mesmo ciclo
- A abordagem de produção de fluxo misto permite flexibilidade na adaptação às flutuações da procura
- Os robôs são capazes de "aprender" instantaneamente novos processos
- Redução das horas extraordinárias de mudança

1.3 AUTOMATIZAÇÃO FIXA

Na automatização fixa, a sequência das operações de processamento é definida pelos parâmetros do equipamento. Cada uma das operações numa sequência de automação fixa ou rígida é normalmente simples, é a combinação e coordenação de muitas operações numa peça de equipamento que torna o sistema mais complicado. Este tipo de automatização caracteriza-se por um custo de investimento inicial elevado e por taxas de produção elevadas. Por conseguinte, é adequado para produtos com uma procura e volumes muito elevados. As linhas de transferência de máquinas, as máquinas de montagem automática e certos instrumentos de processos químicos são exemplos de automatização fixa.

1.4 AUTOMAÇÃO PROGRAMÁVEL

O equipamento de produção é concebido de forma a poder modificar a sequência de operações para as diferentes configurações de produtos nesta automatização. A sequência de operações é controlada por uma programação, que é um conjunto de instruções codificadas que permite ao sistema ler e interpretar as mesmas. Esta automatização é particularmente adequada para processos de produção por lotes em que o volume de produção é médio a elevado. É difícil alterar e reconhecer o sistema para um novo produto ou sequência de operações. As máquinas com controlo numérico, as máquinas de laminagem de aço, as fábricas de papel e os robôs industriais são exemplos de automação programável.

1.5 AUTOMAÇÃO FLEXÍVEL

Um sistema automatizado flexível ou suave é um sistema que é capaz de produzir uma vasta gama de produtos sem praticamente nenhum tempo para mudanças de um produto para outro. Trata-se de uma automatização totalmente programável. Não há perda de tempo de produção. Ao reprogramar o sistema de automação e alterar os parâmetros físicos do produto. Como resultado, o sistema pode produzir diferentes combinações e programas de produtos em vez de exigir que sejam fabricados em lotes separados. Exemplos deste sistema de automação são os veículos auto-guiados, os automóveis e as máquinas CNC.

CAPÍTULO 2 : PESQUISA BIBLIOGRÁFICA

Este capítulo apresenta uma panorâmica da investigação anterior sobre a partilha de conhecimentos e as intranets.

1) LIVRO 1:PRIYANKA KARUPPIAH, HEM METALIA e KIRAN GEORGE, (ABRIL 2014)

Este artigo fala sobre os dispositivos robóticos de assistência que têm um grande potencial para melhorar a qualidade de vida das pessoas que sofrem de perturbações do movimento. Um desses dispositivos é um braço-robô que ajuda as pessoas com mobilidade na parte superior do corpo a realizar tarefas diárias. O controlo manual dos braços robóticos pode ser difícil para os utilizadores de cadeiras de rodas com perturbações das extremidades superiores. Esta investigação apresenta um braço robótico autónomo montado numa cadeira de rodas, construído utilizando uma interface de visão por computador. O projeto utiliza um braço robótico com seis graus de liberdade, uma cadeira de rodas eléctrica, um sistema informático e dois sensores de visão. Um sensor de visão detecta a posição grosseira dos objectos coloridos colocados aleatoriamente numa prateleira situada em frente da cadeira de rodas, utilizando um algoritmo de visão por computador. O outro sensor de visão fornece a localização fina, assegurando que o objeto está corretamente posicionado em frente da pinça. O braço é então controlado automaticamente para apanhar o objeto e devolvê-lo ao utilizador. Foram realizados testes colocando objectos em diferentes locais e o desempenho do braço robótico é tabelado. Obteve-se uma mécia de conclusão da tarefa de 37,52 segundos.

2) PAPEL 2:ZHENG CHEN, SHIFENG YAN, MINGXING YUAN, BIN YAO e JINFEI HU, (FEV2015)

Este trabalho propõe uma plataforma modular de software de teleoperação baseada no sistema operacional robótico (ROS), que é flexível e portátil para diferentes dispositivos mestre e escravo. As principais questões para a modularidade são o desenvolvimento dos seus módulos de controlo em MATLAB/Simulink e o acesso ao ROS através da caixa de ferramentas do sistema robótico, o que facilitará grandemente a conceção, a análise e o ajustamento do algoritmo de controlo em sistemas de teleoperação. Além disso, é realizado um estudo de caso para este tipo de sistema de teleoperação modular, que é composto por um Geo magic Touch como dispositivo mestre e um braço robótico do robô Rethink Baxter como robô escravo e, simultaneamente, alcançar uma excelente precisão de mapeamento torna-se uma questão desafiadora. Ao contrário dos métodos tradicionais, é proposto um algoritmo híbrido de mapeamento do espaço de trabalho, que utiliza o mapeamento do espaço conjunto para cobrir todo o espaço de trabalho do dispositivo escravo e do robô operativo.

para efetuar a manipulação elaborada. Foi também concebida uma lei de comutação suave entre o mapeamento do espaço conjunto e o mapeamento do espaço operacional. São efectuadas experiências comparativas e os resultados comprovam a eficácia e o excelente desempenho da metodologia de conceção proposta.

3) PAPEL 3: Dr. N. SATHISH KUMAR, B. VIJAYA LAKSHMI, R. JENNIFER PRARTHANA e A. SHANKAR, (AGOSTO DE 2016)

Este artigo propõe que a gestão de resíduos é um dos principais problemas que o mundo enfrenta, independentemente de se tratar de um país desenvolvido ou não. A questão fundamental da gestão de resíduos é o facto de o caixote do lixo nos locais públicos transbordar muito antes do início do processo de limpeza seguinte. Isto, por sua vez, conduz a vários perigos, como o mau cheiro e a fealdade do local, que podem ser a causa principal da propagação de várias doenças. Para evitar este cenário perigoso e manter a limpeza e a saúde públicas, este trabalho é montado num sistema de lixo inteligente. O tema principal do trabalho é o desenvolvimento de um sistema inteligente de alerta de lixo para uma gestão adequada do lixo. Este trabalho propõe um sistema de alerta inteligente para a limpeza do lixo, emitindo um sinal de alerta para o servidor Web municipal para a limpeza imediata do caixote do lixo com uma verificação adequada baseada no nível de enchimento do lixo. Este processo é auxiliado pelo sensor ultrassónico que está ligado ao Arduino UNO para verificar o nível de lixo no caixote do lixo e envia o alerta para o servidor Web municipal quando o lixo é depositado. Depois de limpar o caixote do lixo, o condutor confirma a tarefa de esvaziar o lixo com a ajuda da etiqueta RFID. A RFID é uma tecnologia informática utilizada para o processo de verificação e, além disso, também melhora o sistema de alerta inteligente para o lixo, identificando automaticamente o lixo colocado no caixote do lixo e enviando o estado da limpeza para o servidor, confirmando que o trabalho foi efectuado. Todo o processo é suportado por um módulo integrado com RFID e IOT Facilitatior. O estado em tempo real da recolha de resíduos pode ser monitorizado e acompanhado pela autoridade municipal com a ajuda deste sistema. Além disso, podem ser adaptadas as medidas correctivas/alternativas necessárias. Uma aplicação Android é desenvolvida e ligada a um servidor para transmitir os alertas do microcontrolador ao gabinete urbano e para efetuar a monitorização remota do processo de limpeza, feito pelos trabalhadores, reduzindo assim o processo manual de monitorização e verificação. As notificações são enviadas para a aplicação Android através do módulo Wi-Fi.

4) LIVRO 4:VANESSA BARNES, THOMAS K. COLLINS, GODFREY A e MILLS, (MAIO2017)

Este artigo fala da utilização eficiente da energia eléctrica pelos utilizadores, que é uma das formas críticas de aumentar a eficiência energética, reduzir os custos de produção e fornecimento de energia e as preocupações ambientais. Como parte das medidas correctivas para resolver os problemas de utilização de energia, surgiram muitas tecnologias para a redução da procura, desde dispositivos de poupança de energia até uma variedade de sistemas de gestão de energia, para ajudar os utilizadores a gerir e controlar o seu consumo. Neste artigo, apresentamos a conceção e a implementação de um sistema de gestão de energia e de potência doméstico que permite aos utilizadores monitorizar, regular e gerir a sua resposta à procura de forma dinâmica através da programação e do controlo dos seus aparelhos utilizando uma aplicação móvel. No cerne do sistema de gestão de energia está um microcontrolador incorporado que está codificado com esquemas de monitorização, gestão, programação e controlo de operações. A interface do utilizador no dispositivo móvel comunica diretamente com o sistema de gestão da energia através de um servidor Raspberry I integrado que utiliza o protocolo de comunicação Wi-Fi, enquanto a comunicação entre o Raspberry Pi e o microcontrolador incorporado se baseia na comunicação Bluetooth. Foi desenvolvida uma simulação numérica da conceção proposta e foi implementado e testado um protótipo da conceção. Os resultados dos testes mostram que o sistema foi capaz de monitorizar, controlar e regular eficazmente o consumo de energia em casa. A flexibilidade oferecida pelo sistema permite que o utilizador auto-regule a quantidade de energia utilizada, o que se traduz em poupanças de custos com o efeito global de achatamento do pico da procura

RESUMO

Neste capítulo, discutimos os documentos de referência que são úteis para a aplicação do método proposto. Neste caso, tomámos como base para o nosso projeto o documento "Calibrating a Magnetic Positioning System Using a Robotic Arm" (Calibração de um sistema de posicionamento magnético utilizando um braço robótico), que utiliza bobinas magnéticas para o movimento do braço robótico. Neste método proposto, controlámos o braço robótico com a ajuda de rodas que são operadas por um motor de engrenagem DC. Para uma futura expansão, podem ser desenvolvidos braços robóticos com IOT, que podem ser controlados a partir de uma localização remota.

CAPÍTULO 3 : OBJECTIVO E ÂMBITO DO TRABALHO

3.1 INTRODUÇÃO

I m muitas indústrias, o manuseamento de materiais e produtos é uma das tarefas mais difíceis. Em alguns locais, a frequência de manuseamento de materiais é elevada. Devido a esse facto, as indústrias têm enfrentado muitos problemas. Para ultrapassar este problema, tivemos uma ideia chamada "Sistema de armazenamento e recuperação baseado em braços robóticos", que é útil em indústrias e farmácias para o manuseamento de materiais, para recolher e colocar automaticamente cargas em locais específicos.

3.2 OBJECTIVO DO TRABALHO

O principal objetivo deste projeto é desenvolver um braço robótico para um sistema automático de armazenamento e recuperação e demonstrar o funcionamento do braço robótico que é utilizado em farmácias.

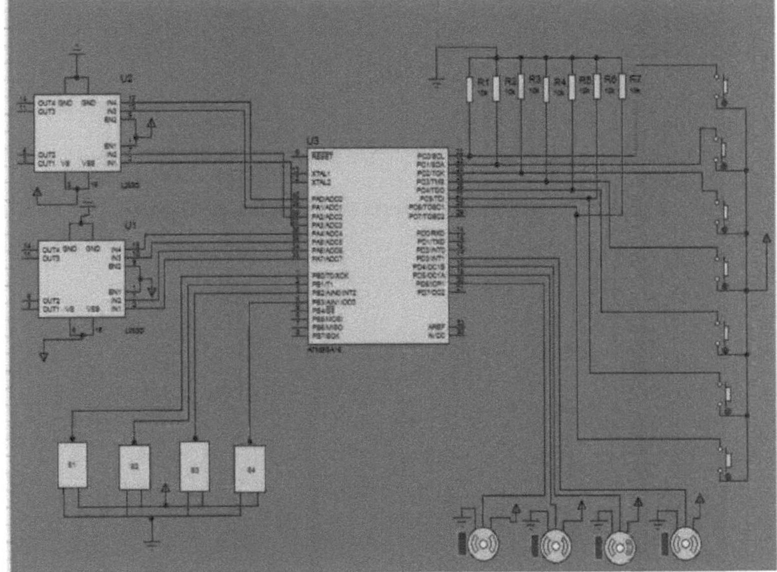

Fig.3.1: Diagrama do circuito e ligações do trabalho proposto

3.3 ÂMBITO DO TRABALHO

- Reduzir o trabalho humano no manuseamento de materiais de um local para outro e obter uma resposta rápida e ágil.
- Para manter o desempenho durante todo o manuseamento do produto.

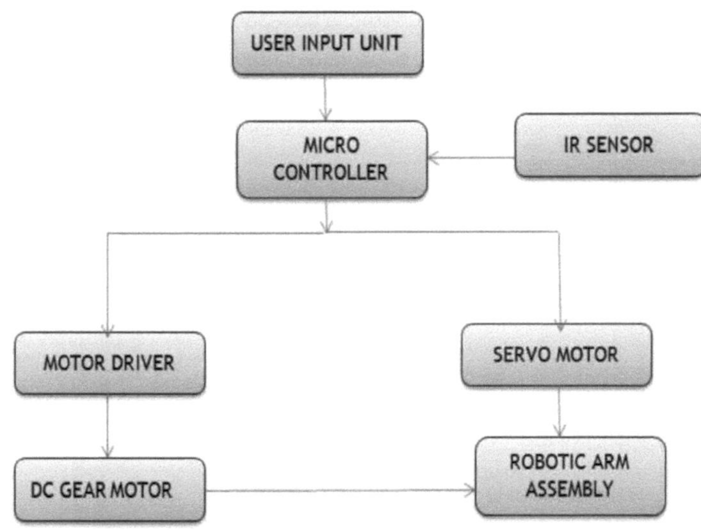

Fig.3.2: Diagrama de blocos do trabalho proposto

CAPÍTULO 4: ALGORITMOS E MÉTODOS

4.1 CORPO E ESTRUTURA

O elemento da estrutura foi concebido e construído de forma robusta com alumínio e contraplacado para aumentar a resistência. O membro da estrutura é do tipo cartesiano (caixa) construído onde o canal de alumínio forma a estrutura básica ao longo de todo o eixo e o contraplacado torna-se a base. A dimensão da estrutura inclui 410 mm*410 mm*360 mm. A dimensão do contraplacado forma um bloco espesso de 520mm*520mm*18mm.

4.2 ESTABILIDADE DA ESTRUTURA

O elemento da estrutura foi concebido de forma a poder suportar a vibração e a deformação criadas durante a aceleração rápida do sistema de acionamento. A coluna pode suportar uma carga máxima de 12 kg com um fator de segurança de 3 e o fixador pode suportar uma vibração de amplitude de 12,36 mm. Para evitar a deformação da estrutura, que causará um erro de dimensão durante a impressão, o material é pré-tensionado e fixado.

4.3 CONTROLADOR E SENSORES

O controlador é a secção onde o robô é controlado e operado com a ajuda do módulo microcontrolador. O módulo microcontrolador é programado de forma a controlar o funcionamento do robô.

4.3.1 O Arduino

O Arduino é uma placa de microcontroladores baseada no ATMEGA 16A. Tem 14 pinos de entrada/saída digitais (dos quais 6 podem ser utilizados como saídas PWM), 6 entradas analógicas, um cristal de quartzo de 16 MHz, uma ligação USB, uma tomada de alimentação, um conetor ICSP e um botão de reset. Contém tudo o que é necessário para suportar o microcontrolador; basta ligá-lo a um computador com um cabo USB ou alimentá-lo com um adaptador AC - DC ou uma bateria para começar.

Fig.4.1: Placa Arduino

4.3.1.1 Potência

O Arduino Uno pode ser alimentado através da ligação USB ou de uma fonte de alimentação externa. A alimentação externa (não-USB) pode vir de um adaptador AC-to-DC (wall-wart) ou de uma bateria. O adaptador pode ser ligado ligando uma ficha de 2,1 mm de centro-positivo à tomada de alimentação da placa. Os fios de uma bateria podem ser inseridos nas cabeças de pino Gnd e Vin do conetor POWER.

Tabela: 4.1 Descrições dos pinos

Pin Category	Pin Name	Details
Power	Vin, 3.3V, 5V, GND	Vin: Input voltage to Arduino when using an External power source. 5V: Regulated power supply used to power microcontroller and other components on the Board. 3.3V: 3.3V supply generated by the onboard Voltage regulator. The maximum current draw is 50mA. GND: ground pins.
Reset	Reset	Resets the microcontroller.
Analog Pins	A0 – A5	Used to provide analog input in the range of 0-5V
Input/output Pins	Digital Pins 0 – 13	It can be used as an input or output pins.
Serial	0(Rx), 1(Tx)	Used to receive and transmit TTL serial data.
External Interrupts	2, 3	To trigger an interrupt.
PWM	3, 5, 6, 9, 11	Provides 8-bit PWM output.
SPI	10 (SS), 11(MOSI), 12(MISO) and 13(SCK)	Used for SPI communication
Inbuilt LED	13	To turn on the inbuilt LED.
TWI	A4 (SDA), A5 (SCA)	Used for TWI communication.
AREF	AREF	To provide a reference voltage for input voltage.

No entanto, se for alimentado com menos de 7V, o pino de 5V pode fornecer menos de cinco volts e a placa pode ficar instável. Se utilizar mais de 12V, o regulador de tensão pode sobreaquecer e danificar a placa.

4.3.2 Sensor IR

Os sensores de infravermelhos podem ser passivos ou activos. Os sensores de infravermelhos passivos são basicamente detectores de infravermelhos. Os sensores de infravermelhos passivos não utilizam qualquer fonte de infravermelhos e detectam a energia emitida por obstáculos no campo de visão.

Fig.4.2: Sensor IR

São de dois tipos: quânticos e térmicos. Os sensores de infravermelhos térmicos utilizam a energia infravermelha como fonte de calor e são independentes do comprimento de onda. Os termopares, os detectores piroeléctricos e os bolómetros são os tipos comuns de detectores de infravermelhos térmicos. A energia emitida pela fonte de infravermelhos é reflectida por um objeto e incide no detetor de infravermelhos.

4.3.2.1 Características

- Fácil de montar e utilizar

- Indicação de deteção a bordo

- Intervalo de distância efectiva de 2cm a 80cm

* Botão de pré-ajuste para afinar o alcance da distância.

4.3.2 Transmissor IR

O transmissor de infravermelhos é um díodo emissor de luz (LED) que emite radiações de infravermelhos. Por isso, são designados por LED'S IR. Embora um LED IR se pareça com um LED normal, a radiação emitida por e e é invisível ao olho humano.

A imagem de um LED de infravermelhos típico é mostrada abaixo.

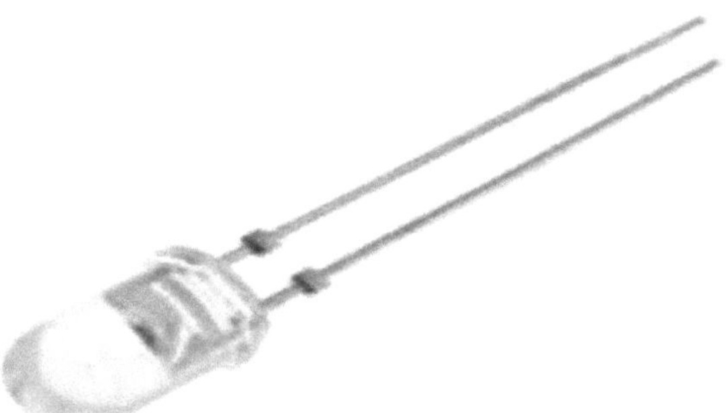

Fig.4.3: LED de infravermelhos

Existem diferentes tipos de transmissores de infravermelhos, dependendo dos seus comprimentos de onda, potência de saída e tempo de resposta Um transmissor de infravermelhos simples pode ser construído utilizando um LED de infravermelhos, uma resistência limitadora de corrente e uma fonte de alimentação. O esquema de um transmissor de infravermelhos típico é apresentado a seguir.

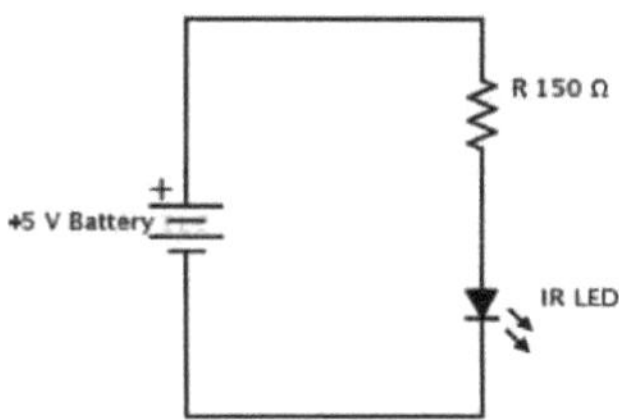

Fig.4.4: Diagrama esquemático do transmissor IR

Quando funciona com uma alimentação de 5V, o transmissor IR consome cerca de 3 a

5 mA de corrente. Os transmissores de infravermelhos podem ser modulados para produzir uma determinada frequência de luz infravermelha. A modulação mais comummente utilizada é a modulação OOK (ON - OFF - KEYING). Os transmissores IR podem ser encontrados em várias aplicações. Algumas aplicações requerem calor por infravermelhos e a melhor fonte de infravermelhos é o transmissor de infravermelhos. Quando os emissores de infravermelhos são utilizados com Quartzo, podem ser fabricadas células solares.

4.3.4 Motores

4.3.4.1 Servo motor

Os servo-motores são motores de corrente contínua que permitem um controlo preciso da posição angular. Na realidade, são motores de corrente contínua cuja velocidade é lentamente reduzida pelas engrenagens. Os servomotores têm normalmente um corte de rotação de 90° a 180°. Alguns servomotores têm também um corte de rotação de 360° ou mais.

Fig.4.5: Servo motor

Mas os servo-motores não rodam constantemente. A sua rotação é limitada entre os ângulos fixos. O servomotor é, na verdade, um conjunto de quatro elementos: um motor de corrente contínua normal, um redutor de velocidade, um dispositivo de deteção de posição e um circuito de controlo. O motor de corrente contínua está ligado a um mecanismo de engrenagens que fornece feedback a um sensor de posição que é, na sua maioria, um potenciómetro. A partir da caixa de engrenagens, a saída do motor é fornecida ao braço servo através de uma estria servo. Este utiliza o dispositivo de deteção de posição para determinar a posição de rotação do veio, de modo a saber para que lado o motor deve rodar para mover o veio para a posição indicada. A partir da posição do rotor, é criado um campo magnético rotativo para gerar eficazmente o binário. A corrente flui no enrolamento para criar um campo magnético rotativo.

4.3.4.1.1 Vantagens

- Se for colocada uma carga pesada no motor, o controlador aumentará a corrente para a bobina do motor à medida que tenta rodar o motor. Basicamente, não existe uma condição de fora de passo.

- É possível um funcionamento a alta velocidade.

4.3.4.2 Motores de engrenagens VDC

Fig.4.6: Motor de engrenagem VDC

Motor CC de veio duplo com caixa de velocidades que proporciona um bom binário e rpm a tensões mais baixas. Este motor pode funcionar a cerca de 200 rpm quando alimentado por uma bateria dupla de iões de lítio de 6 V e a cerca de 300 rpm quando alimentado por uma bateria de iões de lítio de 9 V.

É mais adequado para robots leves que funcionam com uma tensão reduzida. Dos seus dois veios, um pode ser ligado à roda e o outro ao codificador de posição.

4.3.4.2.1 Características

- Tensão de funcionamento: 3V a 9V
- 30gm de peso
- Capacidade de funcionar com um mínimo ou nenhuma lubrificação, devido à lubricidade inerente.
- 1,9Kgf.cmtorque
- Corrente sem carga = 60mA, corrente de paragem =700mA

4.4 FONTE DE ALIMENTAÇÃO E MÓDULOS

4.4.1 Fonte de alimentação em modo de comutação

A fonte de alimentação em modo de comutação ou SMPS utiliza comutadores de estado sólido para converter uma tensão de entrada CC não regulada numa tensão de saída CC regulada e suave em diferentes níveis de tensão. A alimentação de entrada pode ser uma verdadeira tensão CC de uma bateria ou painel solar, ou uma tensão CC rectificada de uma alimentação CA utilizando uma ponte de díodos juntamente com alguma filtragem capacitiva adicional. Em muitas aplicações de controlo de potência, o transístor de potência, MOSFET ou IGFET, é operado no seu modo de comutação, sendo repetidamente ligado e desligado a alta velocidade. A principal vantagem deste modo é que a eficiência energética do regulador pode ser bastante elevada porque o transístor está totalmente ligado e em condução (saturado) ou totalmente desligado (corte).

Fig.4.7: Fonte de alimentação moderna em modo de comutação

4.4.1.1 Especificação

- Boa qualidade com proteção térmica.

- Entrada AC 220v e Saída - DC positivo e negativo.

- Conteúdo da embalagem:- 1pc Condutor

- Proteção contra curto-circuitos, proteção contra sobrecargas.

- Conector de um só lado.

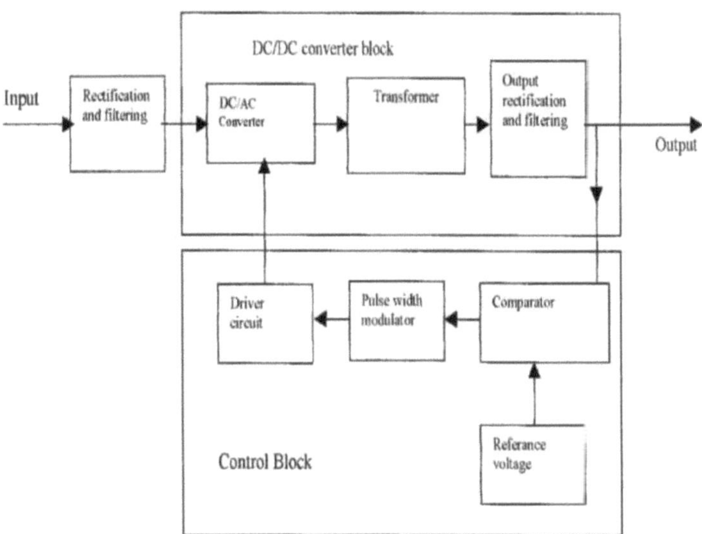

Fig.4.8: Diagrama de blocos da fonte de alimentação em modo de

4.4.2 Placa de relé CH

Esta é uma placa de interface de relé de 4 canais de 5V, e cada canal necessita de uma corrente de acionamento de 1520mA. Pode ser utilizada para controlar vários aparelhos e equipamentos com grande corrente. Está equipada com relés de alta corrente que funcionam com AC250V 10A ou DC30V 10A. Tem uma interface padrão que pode ser controlada diretamente pelo microcontrolador.

A partir da figura abaixo, pode ver-se que quando a porta de sinal está a um nível baixo, a luz de sinal acende-se e o acoplador opto 817c (que transforma sinais eléctricos por luz e pode isolar sinais eléctricos de entrada e saída) conduzirá e, em seguida, o transístor conduzirá a bobina do relé que será electrificada e o contacto normalmente aberto será fechado

Fig.4.9: Placa de relé de canal

4.4.2.1 Características

- Tamanho:75mm(Comprimento)*55mm(Largura)*19.3mm(Altura)
- Peso:61g
- Cor da placa de circuito impresso: azul
- Existem quatro orifícios para parafusos fixos em cada canto da placa, fáceis de instalar e fixar. O diâmetro do furo é de 3,1 mm.
- Alta qualidade O relé simples é utilizado com um único pólo de dupla ação, um terminal comum, um terminal normalmente aberto e um terminal

normalmente fechado.

- Isolamento do acoplamento ótico, bom anti-interferência.
- Fechado a nível baixo com o indicador ligado, libertado a nível alto com o indicador desligado.
- VCC é a fonte de alimentação do sistema e JD_VCC é a fonte de alimentação do relé. O relé de 5V é fornecido por defeito. Ligar a tampa do jumper para utilizar.
- A saída máxima do relé: DC 30V/10A, AC250V/10A.

4.4.2 Condutor L298

O controlador de motor L298N é utilizado devido à sua elevada capacidade de entrada de tensão e pode acionar eficazmente o motor. Os pinos de entrada são ligados à bateria de 12V, o terminal positivo é ligado ao pinc de 12V do controlador e o terminal negativo é ligado ao GND do controlador. Os emissores dos transístores inferiores de cada ponte estão ligados entre si e o terminal externo correspondente pode ser utilizado para a igação de uma resistência de deteção externa. É fornecida uma entrada de alimentação adicional para que a lógica funcione com uma tensão mais baixa.

4.4.3.1 Detalhes do pino

- O módulo L298D é utilizado para ligar e controlar o motor
- Aqui a bateria de 12V está ligada ao módulo
- O terminal positivo da bateria está ligado aos 12v do módulo
- O terminal negativo da bateria está ligado à terra (GND) do módulo.
- Os outros lados estão ligados aos motores.

Fig.4.10: Motor de acionamento L298N

4.4.3.2 Especificações

- Condutor: L298N

- Fonte de alimentação do condutor:+5V~+46V

- Corrente do condutor -4Amps

- Corrente lógica:0~36mA

- Potência máxima: 25W (Temperatura 75Celsius)
- Temperatura de funcionamento:-25C~+130C

- Dimensão:60mm*54mm

- Peso do condutor:~48g

- Outras extensões: sonda de corrente, indicador de direção de controlo.

4.4.3 Recetor IR

Os receptores de infravermelhos são também designados por sensores de infravermelhos, uma vez que detectam a radiação de um transmissor de infravermelhos. Os receptores de IV têm a forma de fotodíodos e fototransístores. Os fotodíodos de infravermelhos são diferentes dos fotodíodos normais, pois detectam apenas a radiação infravermelha. A imagem de um recetor IR típico ou de um fotodíodo é mostrada abaixo.

Fig.4.11: Sensor IR ou fotodíodo

Existem diferentes tipos de receptores IR com base no comprimento de onda, tensão, embalagem, etc. Quando utilizados numa combinação emissor-recetor de infravermelhos, o comprimento de onda dos receptores deve coincidir com o do emissor.

4.4.4 Cabo de ligação

Fig.4.12: Cabos de ligação

Os cabos de ligação são amplamente utilizados em todos os tipos de projectos para ligações de circuitos. Podem ser fixados em qualquer módulo e podem ser removidos e ligados muito facilmente. Alguns dos fios também podem ser soldados e utilizados para fixação permanente das ligações:
Cerca de 21,4 cm/ 8,4 polegadas (m/m), 20,7 cm/ 8,1 polegadas (m/f), 20 cm/ 7,8 polegadas (f/f)

Estes cabos são de diferentes tamanhos e larguras, consoante a utilização.
Os fios de ligação em ponte são normalmente utilizados com placas de
ensaio e outras ferramentas de prototipagem para facilitar a alteração de um
circuito conforme necessário.

- Incluindo: 1 x fios de jumper m/f de 40 pinos, 1 x fios de jumper m/m de 40
  pinos Pode ser separado no conjunto que contém a quantidade de fios
  necessária e para suportar cabeçalhos com espaçamento ímpar não
  padrão, adequado para o projeto de kit de placa de ensaio audino, projeto
  PCB, placa-mãe de PC, etc., através da ligação de pinos, sem soldadura,
  adequado para teste rápido de circuitos
- Disponível em várias cores

4.4.6 Rodas

Um objeto circular que gira sobre um eixo e é fixado por baixo de um veículo ou
de outro objeto para permitir que se desloque facilmente sobre o solo.

Fig.4.13: Rodas

Estas rodas são apoiadas por uma força de trabalho criativa e hábil; estamos
empenhados em oferecer uma variedade distinta de rodas de rolo de plástico.
Além de ser fabricado com material plástico de alta qualidade.

Quadro 4.2 Especificação das rodas

Material	Plastic and Rubber
Shaft Diameter (mm)	06
Wheel Diameter(mm)	70
Wheel Width(mm)	40

4.5 CÓDIGO E EXPLICAÇÃO

Para carregar o programa na placa Arduino, é necessária a aplicação Arduino IDE. Descarregar o software Arduino IDE a partir do sítio Web do Arduino. Depois de descarregar, instalar o software Arduino IDE e executar a aplicação. Depois de abrir a aplicação. Clicar no software Arduino IDE e ir para ficheiro > selecionar abrir

Fig.4.14: Seleção de ficheiros

Agora, vá a Ferramentas > Quadro > Gestor de quadros.
A partir daqui, seleccione a placa arduino na qual pretende esboçar o programa

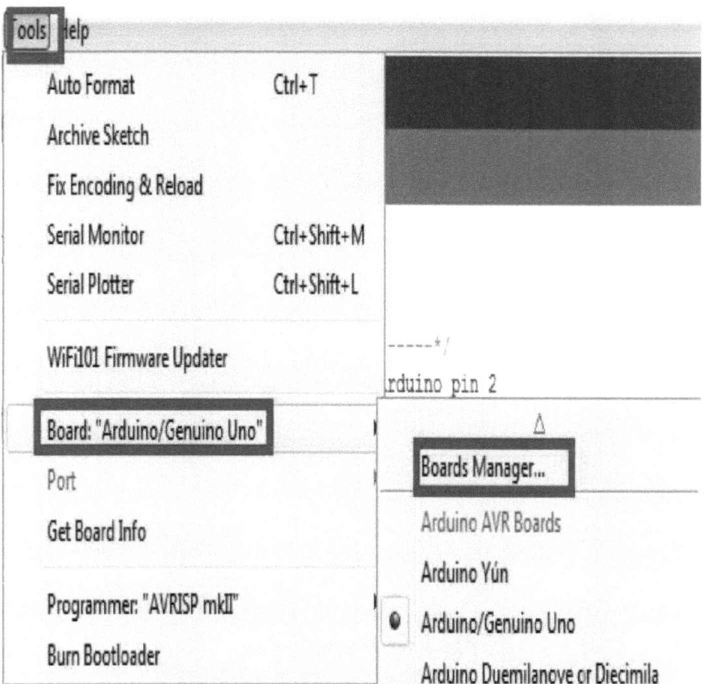

Fig.4.15: Seleção de ferramentas

Depois de selecionar o quadro, vá ao ficheiro e seleccione as preferências .

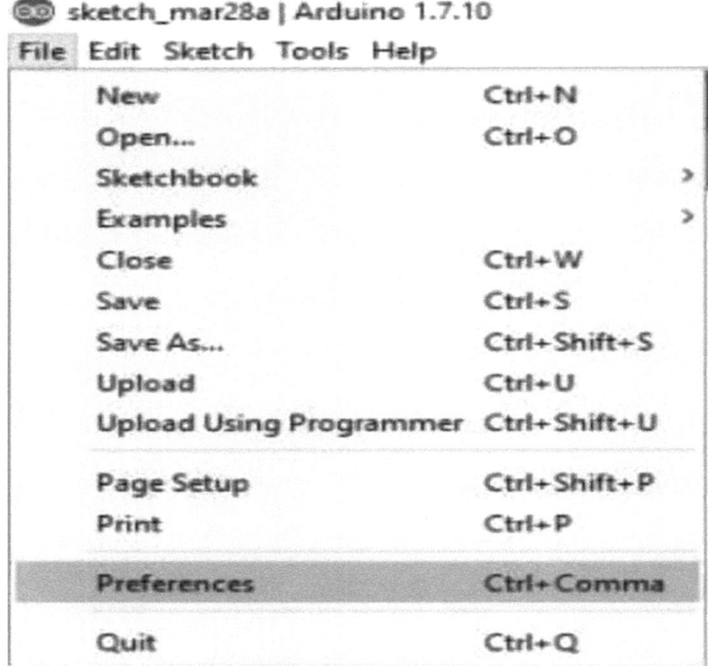

Fig.4.16: Preferências

A figura 4.17 representa a compilação do programa. Depois de o programa ter sido compilado, é carregado na placa arduino.

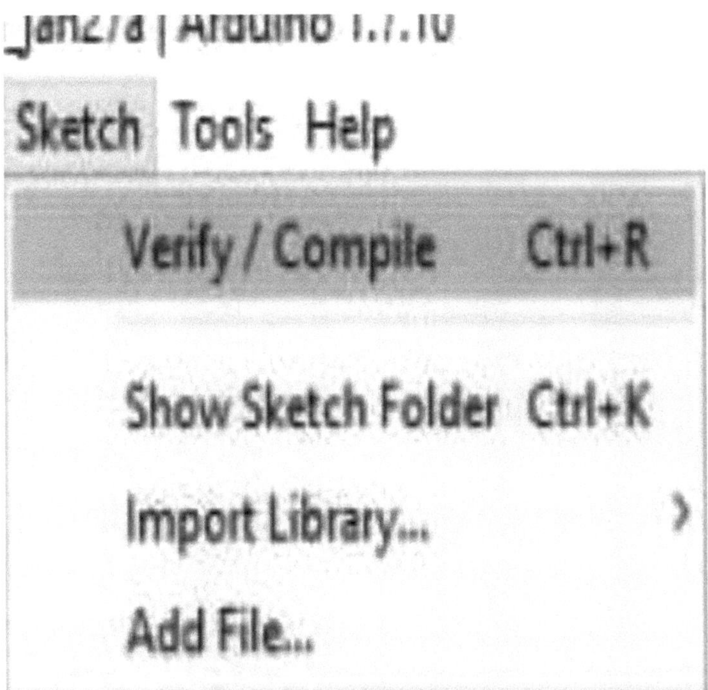

Fig.4.17: Compilar

CAPÍTULO 5: ANÁLISE DO DESEMPENHO

Neste capítulo, discute-se o desempenho do braço robótico.

A Figura 5.1 representa a vista pictórica do sistema proposto, que tem uma placa constituída por um Arduino, SMPS, seletor de sensores, controlador de motores e um microcontrolador e um robô constituído por rodas, motores e um conjunto de braços robóticos, bem como uma placa com um suporte para segurar as caixas de medicamentos, sensores IR para detetar a posição e também a pista para o movimento do robô.

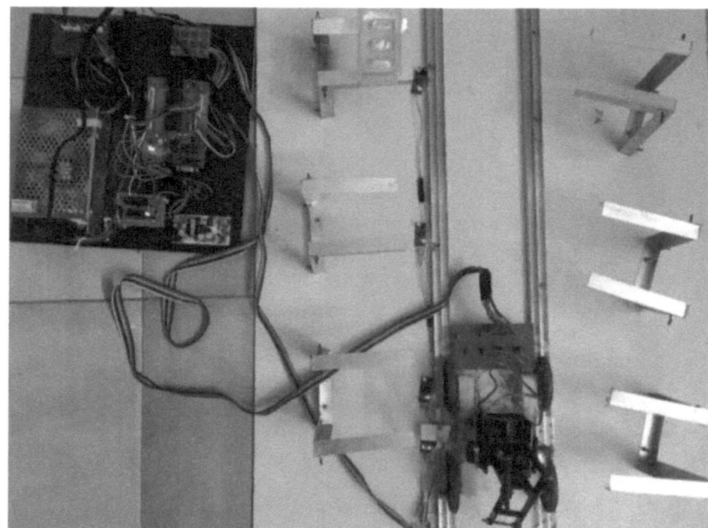

Fig.5.1: Vista pictórica do projeto proposto

A Figura 5.2 representa a recolha da caixa de medicamentos pelo robô a partir do local desejado, com base na informação fornecida pelo utilizacor.

A Figura 5.3 representa a forma como o robô trouxe a caixa de medicamentos de um determinado local para o utilizador.

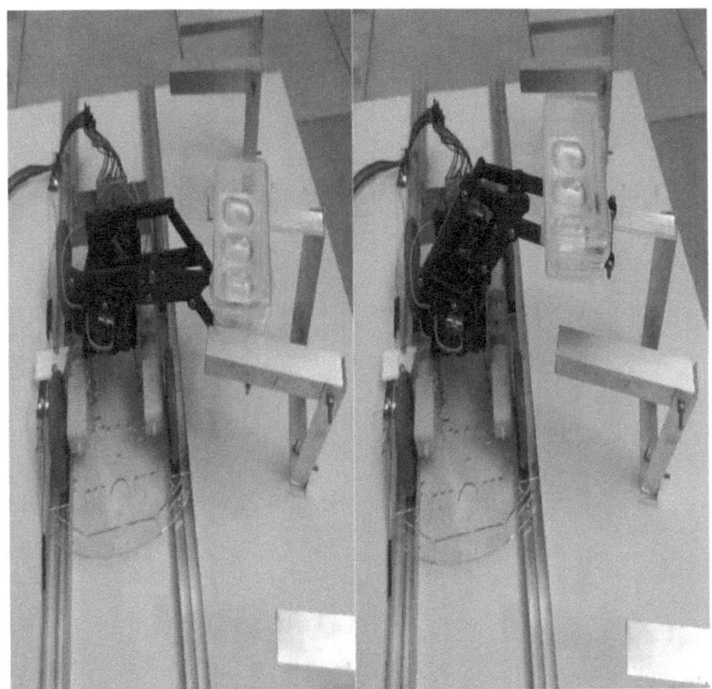

Fig.5.2: Recolha da caixa de medicamentos

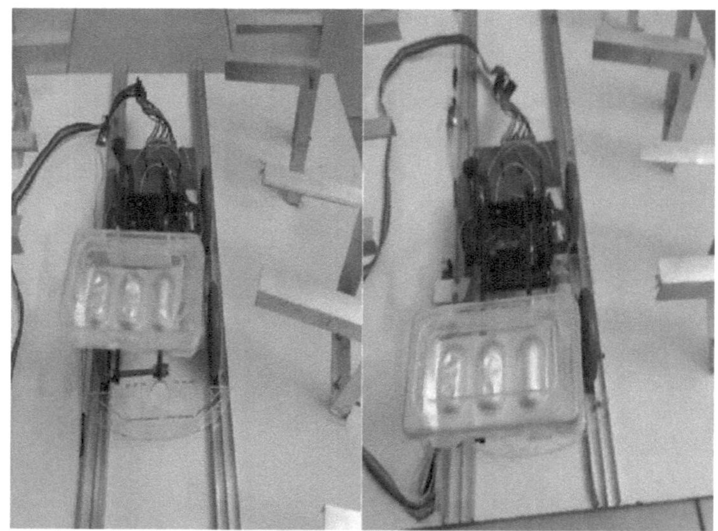

Fig.5.3: Trazer a caixa de medicamentos para o utilizador

A Figura 5.4 representa o armazenamento da caixa de medicamentos no mesmo local de onde foi retirada.

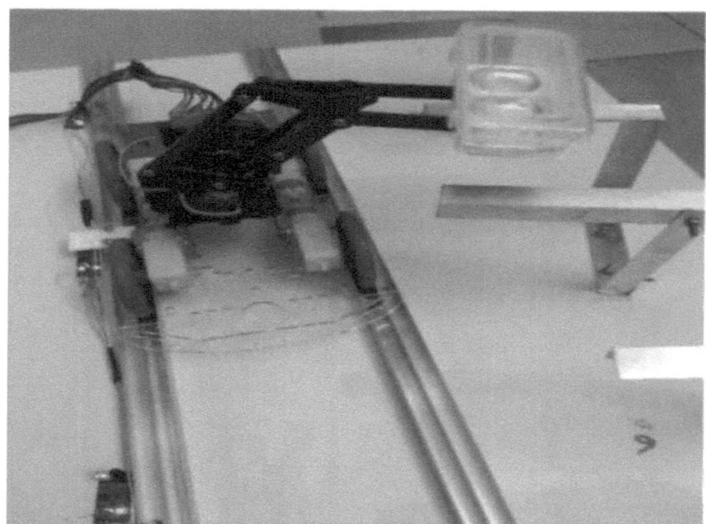

Fig.5.4: Colocar a caixa de medicamentos no mesmo local

A Figura 5.5 seguinte representa a forma como o robô regressa à sua posição inicial depois de guardar a caixa de medicamentos no mesmo local de onde foi retirada.

Fig.5.5: Voltar à posição inicial

A Figura 5.6 seguinte representa o robot que regressou à sua posição inicial depois de a caixa de medicamentos ter sido armazenada num determinado local.

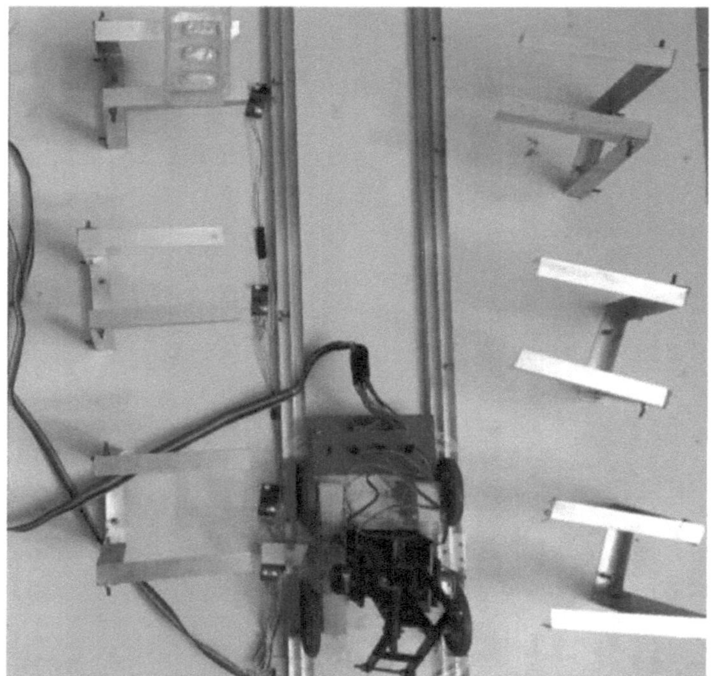

Fig. 5.6: O robô está de volta à sua posição original

CAPÍTULO 6: RESUMO E CONCLUSÃO

6.1 RESUMO

Em muitas indústrias, o manuseamento de materiais e produtos é uma das tarefas mais difíceis. Em alguns locais, a frequência de manuseamento de materiais é elevada, o que implica custos de mão de obra elevados e um tempo de trabalho mais longo nas indústrias. Para ultrapassar estes inconvenientes, foi desenvolvido um "sistema de armazenamento e recuperação baseado num braço robótico", que é útil em indústrias e farmácias para o manuseamento de materiais para recolha automática e colocação de materiais entre locais específicos. O objetivo deste projeto é desenvolver um braço robótico para um sistema automático de armazenamento e recuperação e demonstrar o funcionamento do braço robótico para utilização em farmácias. Neste projeto, foi desenvolvido um braço robótico de seis eixos para um sistema de armazenamento e recuperação para utilização em farmácias. O robô pode aceitar o comando do utilizador para se deslocar ao local pretendido e levar a caixa de comprimidos para esse local e, ao regressar, pode recolocar a caixa de comprimidos no local onde está armazenada. O braço do robô é controlado pelo microcontrolador ATMEGA 16A.

O microcontrolador aceita as localizações desejadas através de teclas e envia os sinais apropriados para seis motores no braço do robot. Estes sinais são aplicados ao motor através de controladores de motor. Os transmissores e receptores de infravermelhos também são utilizados para registar a posição do braço do robô em movimento.

6.2 CONCLUSÃO

No futuro, podem ser desenvolvidos braços robóticos com IOT que podem ser controlados a partir de uma localização remota. Foram estudados os conceitos teóricos e de conceção de robôs. Foi adquirido o conhecimento dos servomotores e dos seus controladores. Compreendeu a seleção de servomotores com base nos requisitos de binário das aplicações. Foram aprendidos os conceitos de programação para várias acções de robôs baseadas no tempo e na posição. Os conceitos acima referidos foram aplicados com êxito na conceção e demonstração da manipulação, armazenamento e recuperação de medicamentos em farmácias, utilizando um braço robótico multidimensional.

REFERÊNCIAS

[1] Antzoulatos.N, Barata.J, Castro.E, De silva.L, Ratchev.S e Rocha.A, "Multi-agent framework for capability-based reconfiguration and industrial assembly systems", vol.55, no.10 , 2017 , pp.29502960.

[2] Antzoulatos.N, Castro.E, Ratchev.S e Scrimieri.D, "Multi agent architecture for plug and produce on an industrial assembly platform", vol.8 , no.6,2014 , pp.773-781.

[3] Bin Yao, Jinfel Hu, Mingixing Yuan, Shifeng Yan e Zheng Chen , "Modular Development of Master-Slave Asymmetric Teleoperation Systems with a Novel Workspace Mapping Algorithm" , vol.6,2018 , pp.15356-15364.

[4] Burkhard.C, Jan.B, Nils.F, Philipp.I, Yukio.T, "Comparative study of serial-parallel delta robots with full orientation capabilities", IEEE Robotics and Automation Letters, vol. 2 , no. 2,2017 , pp.920-926.

[5] Callegari.M, Carbonari.L, Corinaldi.D, "Optimal motion planning for fast pointing tasks with spherical parallel manipulators", IEEE Robotics and Automation Letters, vol. 3 , no. 2,2018 , pp.735-741.

[6] Castagna e Maza.S, "conflict-free AGV routing in bi-directional network", vol.2,2001, pp.761-764.

[7] Chu.F, Feng.Z e Zhao.J, "Kinematics of spatial parallel manipulators with tetrahedron coordinates", IEEE Transactions on robotics, vol. 30, no. 1,2014 , pp.233-243.

[8] Eberhard Klotz, Newman S.T., Ray Y.Zhong e Xun Xu, "Fabrico Inteligente no contexto da Indústria 4.0: A review pages", Vol.3 , no.5,2017 , pp.616-630.

[9] Garcia-Castellanos.D e Lambardo.U, "Pólos de inacessibilidade: A calculation algorithm for the remotest places on earth", vol.123 , no.3 , 2007, pp.227-233.

[10] Godfrey A.Mills, Thomas K.Collins e Vanessa Barnes, "Design and Implementation of Home Energy and Power Management and Control system" , 2017 , pp.241-244.

[11] Hautop Lund.H e Pagliarini.L, "The future of robotics tecnnology, Journal

of Robotics, Networking and Artificial Life", vol. 3, 2017, pp.270

[12]   Hem Metalia, Kiran George e Priyanka Karuppiah "Automação de um braço robótico montado em cadeira de rodas usando interface de visão computacional", 2018 , pp.1-5.

[13]   Hsu W.J. e Zeng.J, "Conflict-free container routing in mesh yard Layouts, Robotics and Autonomous Systems", vol. 56 , no. 5,2008 , pp.451-460.

[14]   Jenifer Prarthana.R, Dr.N.Sathishkumar, Shankar A e Vijayalakshmi B, "Sistema de alerta de lixo inteligente baseado em IOT usando Arduino UNO", agosto de 2016, pp.1028-1034.

[15]   Madsen.O e C.Schou , "A plug and produce framework for industrial collaborative robots", International Journal of Advanced Robotic Systems, vol. 14 , no. 4 , 2017 , pp.1-10.

I want morebooks!

Buy your books fast and straightforward online - at one of world's fastest growing online book stores! Environmentally sound due to Print-on-Demand technologies.

Buy your books online at
www.morebooks.shop

Compre os seus livros mais rápido e diretamente na internet, em uma das livrarias on-line com o maior crescimento no mundo! Produção que protege o meio ambiente através das tecnologias de impressão sob demanda.

Compre os seus livros on-line em
www.morebooks.shop

Printed by Books on Demand GmbH, Norderstedt / Germany